AF457409

RECHERCHES

SUR

L'ÉTAT DE LA MÉDECINE

CHEZ LES ANCIENS INDOUS;

PAR LE DOCTEUR MICHÉA.

Extrait du Journal L'UNION MÉDICALE, Septembre 1847.

PARIS,

TYPOGRAPHIE ET LITHOGRAPHIE FÉLIX MALTESTE ET Cᵉ,

Rue des Deux-Portes-Saint-Sauveur, 18.

1847

RECHERCHES

SUR

L'ÉTAT DE LA MÉDECINE

CHEZ LES ANCIENS INDOUS.

Presque aussi vieille que le monde, aussi nécessaire à l'homme que la religion et la philosophie, avec lesquelles un moment elle partagea le pouvoir suprême, la médecine fait successivement comme elles plusieurs grandes apparitions dans l'histoire des civilisations antérieures à l'établissement du christianisme. La première de ces apparitions eut lieu en Asie, et la seconde en Europe, car en supposant que, au sein de l'Afrique, dans la vieille Egypte, celle des Pharaons et non pas des Ptolémées, la science ait joué un rôle capital, cette science est à jamais perdue pour nous, puisque ses monumens ont résisté à la fois aux siècles et à tous les efforts de l'érudition.

Si l'art de guérir marche aujourd'hui de l'Occident vers l'Orient, jadis il se dirigeait donc en sens inverse. Toutefois, il n'offrit pas un développement régulier et un degré de culture égal au sein de chacune de ces contrées. En Orient, le pays du despotisme et de l'esclavage, il a la grandeur, mais en même temps l'immobilité de tout ce qui l'environne; il parcourt péniblement chacune de ses périodes; et, quoi qu'il fasse, il ne peut parvenir à se soustraire entièrement au joug sacerdotal. En Occident, au contraire, ce sol classique du mouvement et de la liberté, il subit toutes ses évolutions. Rien ne le gêne, rien ne l'opprime : ses différens systèmes naissent, grandissent, meurent, pour renaître sous d'autres formes, s'épanouir et succomber encore.

L'Asie, ce berceau de la connaissance humaine, fut occupée de tout temps par cinq peuples principaux : les Indous, les Chinois, les Tartares, les Arabes et les Persans. De ces cinq peuples, les Indous furent les premiers qui entrèrent dans les voies de la civilisation. Les Chinois, quoi qu'on en ait dit, ne les y précédèrent pas; car, d'après des documens nouveaux traduits par Abel Rémusat, avant d'apparaître au Céleste-Empire, une secte religieuse fort ancienne, le bouddhisme, régnait sur les plateaux de l'Indoustan.

Au sein d'une civilisation aussi avancée que celle de l'Inde, chez un peuple où brillaient les merveilles des arts, les raffinemens de la littérature et les subtilités de la philosophie, la médecine ne pouvait point ne pas être cultivée. Grâce au progrès et aux développemens imprimés à l'étude des langues orientales, l'histoire de la médecine indoue, si pauvre dans les ouvrages de Sprengel, d'Hecker, etc., s'enrichit et se complète chaque jour davantage. Depuis environ trente ans, l'idiôme sanscrit, entièrement ignoré du XVIIIe siècle, s'est fort répandu parmi les Européens. Les Anglais notamment ont traduit ou fait connaître par des notices et des extraits plusieurs traités de médecine écrits en cette antique langue sacrée.

Mais que de richesses de ce genre nous sont encore tout à fait étrangères ! Il y a entre autres, à Paris, à la Bibliothèque royale, un ouvrage en trois volumes in-folio dont la traduction serait à même de rendre le plus grand service à la science. Cet ouvrage, qui forme une sorte d'encyclopédie médicale, et qui a été traduit du sanscrit en persan vers l'an 1645 de notre ère, par ordre de Dârâ-Chékouk, protecteur des sciences dans l'Inde, porte ce titre : *Ilâdjât-Chékougi*. Puissent nos académies ne pas ignorer plus longtemps l'existence de ce livre ! Puissent-elles encourager bientôt quelque orientaliste à le faire passer dans notre langue !

Qu'on ne s'imagine pas que la médecine soit restée, dans l'Inde, inférieure à la littérature et à la philosophie ; qu'elle y ait failli aux idées spéculatives ; qu'elle ne s'y soit jamais élevée de la pratique à la théorie, de l'état d'art à l'état de science ! Tout bientôt va vous apprendre le contraire.

De même que la philosophie, la médecine dans l'Inde sort de la religion, sans pouvoir, à l'inverse de ce qui eut lieu en Grèce, échapper totalement à sa suprématie. Un des livres sacrés, l'*Ajur Véda*, considéré comme l'œuvre de Brahma lui-même, qui l'a communiqué à *Dacsha*, est relatif à cette science. Les deux *Aswin*, fils de *Surya* (le soleil) reçurent celle-ci de Dacsha et devinrent les médecins des dieux ; généalogie qui rappelle les deux fils d'Esculape et leur descendance d'Apollon. Les deux *Aswin* instruisirent *Indra*, qui fut le maître de *Dhanwantari*, lequel enseigna la médecine à *Susruta* (1).

(1) Voyez Wilson, *Recherches sur la médecine des Indous* (Oriental magazine Calcutta, mois de février et de mars 1823. — M. Cerise, *Notice sur les doctr. médico-psychologiques des Indous* (Annal. médico-psychol., nov 1843.)

Charaka, Dhanwantari, Susruta et quelques autres dépouillent le caractère mythologique que conserve la figure des *Aswin* et d'*Indra*. Ces personnages ont une valeur individuelle et non plus symbolique. Ils sont à l'Inde ce que Euryphon, Hippocrate et Polybe furent à la Grèce.

Charaka, Dhanwantari et Susruta ont écrit des ouvrages qui existent encore. M. Wilson, professeur de sanscrit à l'Université d'Oxford, est le premier indianiste qui ait cherché à les faire connaître à l'Europe.

Quelle est la date de ces ouvrages? Ce problème est impossible à résoudre, car les Indous n'ayant point eu de livres historiques, la chronologie n'existe point chez eux d'une manière certaine. Les différentes écoles médicales de l'Inde ont vraisemblablement, à l'instar de ses écoles philosophiques, remanié sans cesse les monumens sur lesquels elles se basent; et toutes ayant opéré continuellement le même travail pour se tenir à l'ordre du jour, il en est résulté une grande confusion de doctrines. De plus, les ouvrages de médecine indoue sont le plus souvent des compilations où les systèmes les plus divers se trouvent combinés au hasard. Aussi, a-t-on les plus grandes difficultés à déterminer dans les dogmes, lequel a précédé, lequel a suivi les autres. On en est réduit, quand on cherche l'ordre de leur développement, aux analogies qui se tirent de la comparaison avec les autres grandes époques de l'histoire de la médecine. Néanmoins, si l'on s'en tient à de simples conjectures, M. Wilson pense que Charaka est antérieur à Dhanwantari, et que l'ouvrage de Susruta, le plus remarquable de tous, est postérieur aux deux autres.

Un commentaire sur le texte de l'ouvrage de Susruta a été fait par un Cachemirien nommé *Ubhatta*, très probablement au XIIe ou au XIIIe siècle. Cet ouvrage, qui avait eu déjà plusieurs autres commentateurs, est divisé en six parties : le *Sutra st'hana* ou définitions chirurgicales; le *Nidana st'hana*, section des symptômes ou du diagnostic; le *Sarira st'hana*, anatomie; le *Chikitsa st'hana*, traitement des maladies internes; le *Kalpa st'hana*, des antidotes; l'*Uttara st'hana*, section supplémentaire consacrée à la médecine des yeux, des oreilles, etc.

L'Ajur Véda comporte huit articles mentionnés avec ces titres : 1° *Salya* ou l'art d'extraire les corps étrangers, avec le traitement approprié à l'inflammation, à la suppuration, aux tumeurs phlegmoneuses et aux abcès; 2° *Salakya*, ou la clinique des maladies des organes des sens externes, du nez, des oreilles, des yeux, etc.; 3° *Kaya chikitsa*, ou la pathologie générale et interne; 4° *Buthavidya*, ou le traitement des désordres causés par la possession démoniaque; 5° *Kanmara chritya*, ou la médecine des enfans, à leur naissance, pendant et après la lactation, comprenant les affections puerpérales des mères et les maladies des nourrices; 6°

Agada, ou la toxicologie appliquée à l'administration des antidotes; 7° *Rasagana*, ou la chimie ou plutôt l'alchimie, dont le but est la découverte d'une panacée pour rendre la santé et la vie éternelles; 8° *Bajikarana*, ou l'art de produire l'accroissement indéfini du genre humain.

Les doctrines médicales marchent toujours sur les pas des doctrines philosophiques et en reflètent plus ou moins exactement les caractères; c'est une loi que tous les historiens de la médecine ont posée. J'ai avancé ailleurs (1) et je me propose de démontrer prochainement qu'il y a en médecine, à toutes les grandes époques et chez tous les peuples qui ont joui d'une civilisation originale; qu'il y a, dis-je, tantôt se manifestant d'une manière vague et implicite, à l'état embryonnnaire en quelque sorte, tantôt au contraire plus accusés et développés jusque dans leurs dernières conséquences, quatre systèmes fondamentaux, ni plus ni moins, à l'un ou à l'autre desquels se rattache inévitablement toute théorie exclusive en physiologie, en pathologie et en thérapeutique. J'ai dit que l'*organicisme*, le *vitalisme*, l'*empirisme*, la médecine occulte, surnaturelle, miraculeuse, le *thaumaturgiâtrisme*, correspondaient fidèlement au *sensualisme*, au *spiritualisme*, au *scepticisme* et au *mysticisme*, ces quatre systèmes élémentaires dont M. Cousin a établi les lois dans l'histoire de la philosophie; qu'ils avaient les mêmes procédés de développement et qu'ils offraient le même ordre de succession.

Or, M. Cousin a démontré, à l'aide de textes clairs et incontestables, qu'on trouve déjà dans l'Inde des traces de sensualisme, de spiritualisme, de scepticisme et de mysticisme. Par conséquent, si l'on s'en tient à la simple analogie, on doit aussi y rencontrer des vestiges d'organicisme, de vitalisme, d'empirisme et de thaumaturgiâtrisme. Du reste, le fait vient confirmer l'hypothèse. Seulement, comme personne n'a encore tenté pour l'histoire de la médecine ce que Colebroocke et d'autres orientalistes ont réalisé pour l'histoire de la philosophie, comme nous ne connaissons que des fragmens d'une très minime portion des livres où sont déposés les résultats de la médecine indoue, je ne pourrai pas toujours prouver d'une manière satisfaisante, c'est-à-dire par des argumens formels et des citaons nombreuses, l'existence du fait dont il s'agit. Mais tout donne lieu d'espérer que la solution de ce problème obtiendra dans un avenir prochain le degré d'évidence auquel elle doit nécessairement parvenir.

Organicisme.

M. Heyne a fait passer dans la langue anglaise un des meilleurs ouvrages

(1) Voir la dédicace de mon ouvrage intitulé : *Du délire des sensations*.

de médecine indoue, composé originairement en sanscrit par un auteur dont il ne donne pas le nom, et traduit ensuite en tamoul ou malabar (1). Or, voici les principales assertions émises dans ce livre précieux :

L'homme dérive de trois principes : le vent ou souffle (*wadam*), la bile (*pittam*) et les glaires (*tchestam*). Ils sont la base de son tempérament et de sa constitution naturelle. De leur équilibre parfait, de leur balancement harmonieux résulte la santé. La prédominance de l'un d'eux, au contraire, engendre la maladie (2).

Pour se former une juste idée de la maladie, le médecin doit fixer son attention sur sept choses : 1° la température du corps ; 2° sa couleur, surtout celle du visage, qui est tantôt pâle, tantôt jaune, tantôt noirâtre ; 3° la voix, qui est tantôt forte et tantôt faible ; 4° les yeux ; 5° la couleur noire, jaune ou verte des excrétions alvines ; 6° l'urine ; 7° la langue (3).

L'état des battemens artériels joue un rôle important en symptomatologie. Il y a trois espèces de pouls : l'un qui est propre aux maladies occasionnées par les vents ; le second qui appartient aux affections provenant de la bile ; le troisième qui caractérise les désordres dus aux glaires (4).

« Les fièvres (*Açoura*) sont les monarques (Râdjah) de toutes les maladies. La soif qui les accompagne ressemble au dieu de la mort. Elles sortirent du front d'*Isouâra* quand son beau-père essaya de le détrôner (5). » Il y en a sept espèces principales : trois qui proviennent des vents, de la bile et des glaires ; la fièvre quotidienne (*Doudâcoura*) et celles qui sont produites par les indigestions (*Achiranôçoura*), par les maladies des os (*Astiçoura*) et par les mauvais esprits (*Bouddhâçoura*). Il existe encore plusieurs autres espèces de fièvre, savoir : les intermittentes, les céphaliques, les musculaires, etc. (6)

Quant aux névroses, leurs divisions sont très multipliées. Il en est une, *Sanny*, qu'il ne faut pas confondre avec l'épilepsie (Koumarak), où l'auteur indou n'admet pas moins de treize variétés (7).

Voici ce que renferme le chapitre qui traite du pronostic : « La vie n'est point en danger quand le malade ne prend pas les médicamens en aversion, quand la voix est naturelle, le pouls perceptible et régulier,

---

(1) *Tracts historical and statistical on India.* — Londres, 1814 ; in-4° ; p. 148 et suiv.

(2) Chap. I, § 1. — Chap. III.

(3) *Ibid*, § 2.

(4) Chap. II.

(5) Chap. VII.

(6) *Ibid*.

(7) Chap. VIII.

quand le sommeil ne favorise pas l'excrétion des fèces, quand les extrémités supérieures et inférieures conservent la faculté de se mouvoir, quand la respiration est libre et que la bouche n'expulse pas une trop grande quantité de phlegme, quand le malade se met à genoux et invoque son dieu matin et soir, quand il n'a pas le goût dépravé et qu'il ne confond pas la saveur acide avec celle qui est douce ou amère, quel que soit l'état de faiblesse où il se trouve. »

« La mort est au contraire inévitable lorsqu'il y a : 1° de l'insomnie ; 2° lorsqu'on entend sans cesse des sons plaintifs et des paroles inintelligibles ; 3° quand il y a absence de mémoire ; 4° du râle ; 5° de la fixité dans les yeux; 6° du désir pour les alimens ou les boissons nuisibles ; 7° de l'agitation ; 8° des contractions spasmodiques aux extrémités supérieures et inférieures ; 9° de l'affaiblissement dans la vue ; 10° de l'irrégularité et de l'intermittence dans le pouls ; 11° du refroidissement à la peau et quelque chose de hagard dans les yeux ; 12° absence d'expectoration ; 13° distension des veines, surtout de celles du thorax ; 14° de la pâleur aux côtés de la langue, à l'angle des yeux et aux articulations ; 15° du gonflement au scrotum ; 16° de la sécheresse et de la dureté dans les excrémens ; 17° de l'œdème aux extrémités inférieures et de l'ascite; 18° de la constipation; 19° de l'anorexie et de l'absence de soif; 20° une toux et des baillemens continuels ; 21° une soif très intense ; 22° des yeux caves (1). »

Les huiles médicinales qu'on administre dans les affections produites par les vents doivent être bouillies jusqu'à ce qu'elles tiennent aux doigts. Celles qu'on emploie contre la bile doivent avoir la consistance de la cire; celles qu'on prescrit contre les glaires, une consistance plus considérable (2).

Avant d'administrer des médicamens, un médecin doit recommander à son malade 1° de dormir sur le côté, la main placée sous la tête ; 2° d'éviter tout commerce charnel avec les femmes; 3° d'observer la diète; 4° de chasser l'abattement; 5° de fuir la mélancolie ; 6° de se tenir les pieds propres ; 7° de ne point s'alarmer sur son état (3).

Pour donner aux médicamens le temps de produire leur effet, il ne faut point les employer itérativement dans le même jour (4).

La diète est le principal moyen curatif des fièvres intermittentes (5).

Ainsi donc, dans un livre écrit peut-être avant qu'Athènes fût bâtie et

---

(1) *Ibid.*, p. 164.
(2) Chap. 1, § 4.
(3) *Ibid.*, § 3.
(4) *Ibid.*, § 5.
(5) Chap. VI.

incontestablement antérieur de beaucoup à la civilisation grecque telle qu'elle était au siècle de Périclès, voici sur l'art de guérir non pas seulement des notions grossières et des formules superstitieuses que revendique l'empirisme spontané ou instinctif qui caractérise l'enfance de la médecine chez tous les peuples, mais encore des raisonnemens au sujet des causes prochaines de la santé et de la maladie, c'est-à-dire des hypothèses aussi bien constituées, des théories aussi précises que celles du dogmatisme grec.

Or, quel est le point de départ de la physiologie dans le livre de l'auteur indou? Des principes exclusivement matériels, des bases toutes physiques : l'air, la bile, les glaires ou la pituite, qui existent, mais combinés d'une autre manière dans le dogmatisme occidental. Point d'élément abstrait, de cause métaphysique donnant lieu au mécanisme des fonctions du corps, à l'instar de l'ενορμαν, de l'*impetum faciens* d'Hippocrate, cette force première qui domine tout l'humorisme de ce dernier, et que M. Littré, pour le dire en passant, dans la belle exposition qu'il a donnée de la doctrine du chef de l'école de Cos, n'a point, selon moi, suffisamment mise en relief et comprise comme elle méritait de l'être.

Cherchez bien du reste parmi tous les dogmes contenus dans ce livre indou, et vous ne trouverez rien, en pathologie, sur les crises, les jours critiques, les efforts médicateurs de la nature, en un mot rien qui ressemble de près ou de loin aux grandes formules du vitalisme grec. Or, de tout cela, et par voie d'exclusion, faute d'argumens plus formels, je crois devoir conclure que le livre dont il s'agit renferme des traces d'organicisme, et qu'il est à l'Inde ce que le livre des *Sentences cnidiennes* d'Euryphon était à la Grèce.

Vitalisme.

Les dogmes de la *chute*, de la *métempsycose*, de la *réhabilitation* ou de la *délivrance*, qui jouent un rôle si important dans les philosophies spiritualistes de l'Inde; les théories qui supposent que l'être déchu reçoit, dans un but d'expiation, des corps sujets aux maladies et à la mort, corps à travers lesquels son âme doit passer successivement jusqu'à la fin de l'épreuve dernière, où elle rentre au sein de Dieu et se confond avec lui ; ces théories, dis-je, servent de point de départ à certaines doctrines physiologiques de l'Inde.

Dans les systèmes *vedantas* et *sankias*, dont les principes de physiologie générale ont été parfaitement exposés et appréciés par M. Cerise (1), on trouve les idées suivantes :

---

(1) *Recherches sur les origines et les premiers développemens de la science* (suite d'articles insérés dans l'*Européen*, 1838)

« L'âme est enfermée dans le corps comme dans un fourreau ou plutôt dans une succession de fourreaux. La première ou la plus intime enveloppe est l'intellectuelle (vidjnana-maya).

» L'enveloppe immédiate est l'enveloppe mentale (mano-maya) dans laquelle le sens intérieur est joint avec la précédente.

» Une troisième enveloppe comprend les organes d'action ainsi que les facultés vitales ; elle est nommée l'enveloppe organique ou vitale.

» Ces trois enveloppes ou fourreaux constituent la forme ou la personne subtile (*soukcma-sarîra* ou *linga sarîra*) qui attend l'âme dans ses transmigrations. Le rudiment intérieur, confiné dans l'enveloppe la plus intime, est la forme causale (kirana-sarîra).

» Lorsque l'âme est appelée à sejourner sur cette terre, la vallée inévitable de l'expiation, elle reçoit une nouvelle enveloppe qui est un corps grossier. Ce corps est composé des élémens les plus épais et formé par la combinaison des élémens simples, dans les proportions de quatre huitièmes de l'élément caractérisque prédominant, avec un huitième de chacun des quatre autres ; c'est-à-dire les particules des *cinq élémens* étant divisibles, sont, dans le premier cas, partagées en moitiés dont une est subdivisée en quart ; et la moitié qui reste se combine avec une partie (le quart d'une moitié) de chacun des quatre autres, constituant ainsi des élémens épais et mêlés. L'enveloppe extérieure, composée d'élémens ainsi combinés, est l'enveloppe alimentaire (anna-maya), laquelle étant le séjour des jouissances grossières, est par conséquent nommée le corps épais.

» La parole d'une personne mourante est absorbée dans le sentiment (*manas*), car l'action des organes extérieurs cesse avant celle de ce sens. Celui-ci, de la même manière, se retire dans le souffle, *principe vital* de la respiration. Le souffle, accompagné de toutes les autres fonctions vitales, qui sont les compagnes de la vie, se retire avec le boudhi ou l'intellect dans l'âme vivante, qui gouverne les organes corporels, comme les serviteurs d'un roi se réunissent autour de lui lorsqu'il est sur le point d'entreprendre un voyage ; car toutes les fonctions vitales se rassemblent autour de l'âme, au dernier moment, lorsqu'elle est expirante.

» L'âme, accompagnée de toutes les facultés, se retire dans un rudiment corporel, composé de lumière, avec le reste des *cinq élémens* dans un état subtil. Ayant absorbé ainsi, dans cette forme nouvelle, les facultés vitales qui doivent l'accompagner dans ses migrations cosmiques, s'étant retirée dans son propre séjour (le cœur), le sommet de cette cavité étincelle et illumine le passage par lequel l'âme doit partir.... Un rayon solaire se charge de recevoir l'âme, revêtue de sa forme subtile, pour la conduire à a destination.

» Cette forme subtile (source des aptitudes organiques dont les âmes ne seront dépouillées qu'au moment de leur réhabilitation finale) est imperceptible aux spectateurs lorsqu'elle abandonne le corps ; elle n'est pas non plus atteinte par la crémation ou d'autres traitemens que le corps subit. Elle est sensible par la chaleur aussi longtemps qu'elle habite avec cette forme plus grossière qui devient froide dans la mort, lorsqu'elle l'a abandonnée, et qui était échauffée par elle tandis qu'elle y faisait son séjour. »

Ainsi donc dans cette théorie spiritualiste, les facultés organiques c'est-à-dire les propriétés vitales, n'appartiennent pas essentiellement aux organes; elles n'en sont pas un résultat nécessaire, puisqu'elles survivent à la destruction du corps ; et d'un autre côté elles ne s'identifient point avec l'âme, elles n'en sont point une branche égarée, puisque celle-ci leur est antérieure et peut très bien exister sans elles. On ne peut mieux, comme on voit, poser en physiologie le problème du *vitalisme*, et le résoudre, non pas à l'instar de Stahl, mais à la façon plus large et plus vraie de Barthez. Enfin remarquons combien cette chaleur attachée à la *forme subtile*, et qui révèle l'existence de cette forme tant qu'elle n'a point quitté le corps, ressemble à l'εμφυτον θερμον (chaleur intégrante ou innée) d'Hippocrate, ce père immortel du vitalisme grec.

Maintenant il s'agit de savoir si dans quelque ouvrage non plus philosophique, mais médical, nous trouverons des théories analogues à celles-ci. Or, au commencement du livre de *Susruta*, auteur qui s'occupe beaucoup plus de chirurgie que de médecine, on remarque les idées suivantes :

« Les corps vivans (les Indous accordent la vie aux végétaux) sont composés de cinq élémens auxquels vient s'ajouter le *mouvement* ou la *vie*. Les cinq élémens sont produits par la vapeur, la végétation, l'incubation et la parturition.

» Il y a quatre classes de maladies : 1° les affections *accidentelles* ou provenant de cause traumatiques; 2° les affections *organiques*, qui résultent de la discrasie des humeurs, du trouble survenu dans le *sang*, la *bile*, le *vent* ou le *phlegme ;* 3° les affections *intellectuelles* ou occasionnées sous l'influence des passions, c'est-à-dire produites par la peur, le chagrin, la joie, etc ; 4° les affections *naturelles*, ou engendrées par la faim, la soif, le sommeil, l'âge, etc, etc. (1). »

L'auteur inconnu du livre indou traduit par M. Heyne n'admettait, comme on l'a vu, dans l'organisation animale, que des principes exclusivement matériels. *Susruta*, lui, y admet quelque chose de plus. Il y reconnaît une force qui est distincte de ces élémens, un principe d'où

(1) Wilson, ouvrage cité.

dérive le mouvement ou la vie, et qui préside à l'accomplissement de ces phénomènes. Sur ce point il y a donc communauté d'idées entre lui et Hippocrate. Ce qui rapproche encore beaucoup cette forme du vitalisme de celle que ce système revêt dans l'école de Cos, et qui est connue sous le nom de *naturisme*, c'est que l'auteur du livre *de la nature de l'homme*, qui se charge de tirer les conséquences des prémisses établies par Hippocrate, son maître ; c'est que, dis-je, l'auteur du livre *de la nature de l'homme*, admet comme *Susruta* le même nombre d'élémens organiques dont le désordre est susceptible de produire la maladie, c'est-à-dire quatre, ni plus ni moins. La doctrine grecque diffère pourtant de la doctrine indoue, puisque dans la première l'atrabile joue un rôle à l'exclusion du souffle ou de l'air, tandis que dans la seconde c'est le souffle ou l'air qui remplace l'atrabile. En Occident, l'humorisme est plus pur ; en Orient, il se mêle à un élément de forme étrangère.

Ainsi donc, l'Inde a possédé, mais en racourci ou plutôt à l'état de simples linéamens, l'organicisme et le vitalisme, ces deux dogmatismes qui occupent le premier plan dans toute grande époque de l'histoire de la médecine. Qu'ils s'y soient fait une guerre longue et acharnée, cela est excessivement probable ; toutefois je ne puis point en donner la certitude, attendu que trop peu de textes sanscrits nous sont en ce moment connus.

Empirisme.

La lutte entre l'organicisme et le vitalisme finit toujours par engendrer leur discrédit, car deux systèmes opposés ne peuvent se combattre sans s'ébranler réciproquement, sans qu'on méprise les théories et les raisonnemens sur les causes prochaines de la santé et de la maladie. Delà l'empirisme, non le spontané ou l'instinctif, mais le réfléchi, le scientifique.

Avant de chercher à prouver que ce dernier empirisme a existé dans l'Inde, je crois utile de me livrer en ce moment à une courte digression.

Tous les historiens de la médecine soutiennent que les Arabes ont sinon donné naissance, du moins imprimé un mouvement notable à la chimie ; qu'ils ont la gloire de l'initiative dans l'application de cette science à la thérapeutique et à la pharmacologie. Ils disent que les Geber, les Mésué, les Sérapion, les Rhazès, les Avicenne ont parlé les premiers, par exemple, de l'alun, du sel ammoniac, des carbonates de potasse et de soude, etc. ; que ce sont eux qui ont commencé de prescrire à l'intérieur les substances métalliques exclusivement réservées pour l'usage externe chez les Grecs. Eh bien ! ces opinions ne doivent plus être partagées aujourd'hui. La critique moderne démontre, d'une façon incontestable, l'absence d'originalité des Arabes sous ce rapport. On a dit avec raison que, en fait de médecine, les savans de Bagdad avaient copié les Grecs. On peut soutenir maintenant avec tout autant de certitude que, en matière de chimie, ces mêmes savans ont copié les Indous.

S'il faut en croire le professeur Wilson, dans le *Rasayiana* ou traité d'alchimie, qui forme la septième division de l'*Ajurvéda*, il est question de l'alun (*Phitkara*), du sel ammoniac (*Nuosadur*), des carbonates de potasse et de soude (*Sajika, Sajji muttee, Sajji loon*). Or, les Arabes désignent ces substances soit par leurs noms sanscrits, soit par des mots presque identiques. Ils appellent le sel ammoniac *nuosadur*, l'alun *hitkara* (1), le carbonate de potasse ou de soude *Sajimen vitri*. Ils empruntent également à la langue sanscrite les noms d'une foule de substances végétales. Ils transforment, par exemple, le mot *deiudar*, qui veut dire pin de l'Inde, en *deodar*.

M. Wilson a démontré que les Indous connaissaient les sangsues, qu'ils en admettaient douze espèces, dont six fort bien décrites par cela même qu'elles sont très dangereuses. Or, Avicenne copie presque textuellement ce passage (2).

Il y a plus : les Arabes connaissent individuellement les principaux médecins indous, car Séparion (3) et Rhazès (4) citent le nom de *Charaka*, qu'ils appellent *Sarac*, *Scirak*, *Scarac*.

Ces exemples, dont je pourrais singulièrement augmenter le nombre, doivent suffire à prouver que la littérature médicale indoue était familière aux Arabes. Mais comment et à quelle époque fut-elle importée chez eux ? Tel est le problème historique que MM. Royle et Dietz ont cherché récemment à résoudre.

Il est excessivement probable que la célèbre bibliothèque d'Alexandrie renfermait des livres sanscrits achetés à grands frais par les Ptolémées dans leurs relations commerciales avec l'Inde ; que ces livres étaient en Egypte au temps des Hérophile, des Erasistrate, ou tout au moins à l'époque où Galien y séjournait. Or, soit que la littérature asiatique, regardée comme barbare, fût méprisée ; soit que Alexandrie fût privée de rapports scientifiques avec l'Inde, aucun de ces livres sanscrits n'étant traduit en grec, la médecine orientale devait nécessairement alors demeurer étrangère à l'occidentale.

---

(1) La lettre P manque, comme on sait, dans l'alphabet arabe.

(2) « *Indi dixerunt* quod in quarundam sanguisugarum natura existit venenositas : ab eis igitur cavendum est, quæ sunt ex genere magna habentium capita, etc., etc. » (*De sanguisugis.*)

(3) *De mirobalanis.*

(4) *De Emblico — De zingibere.*

Les Arabes ont-ils eu connaissance des livres indous contenus dans la bibliothèque d'Alexandrie, au VIIe siècle, quand l'Egypte leur fut soumise? Le fait est peu probable, puisque, comme on sait, par l'ordre du calife Omar, les sept cent mille volumes des Ptolémées, qu'un incendie et un pillage avaient déjà considérablement réduits, servirent à chauffer les bains des vainqueurs ou furent placés sous les pieds de leurs chevaux en guise de litière. Mais au fond de la Tartarie, conséquemment tout près de l'Inde, à Bockara, il y avait aussi une riche bibliothèque, que, fort heureusement, les Arabes ne songèrent point à détruire, et qui contenait beaucoup d'ouvrages sanscrits. Or, ces livres et tous ceux qui tombèrent entre les mains de ces peuples à la fin du VIIIe siècle et au commencement du IXe, quand les califes Haroun-Al Raschid et Almamon pénétraient dans l'Inde; tous ces livres sanscrits furent traduits, vers cette époque, en Arabe. Un professeur de l'Université de Köenigsberg, M. Dietz, qui a employé cinq ans à parcourir les principales bibliothèques de l'Allemagne, de la France, de l'Angleterre, de l'Italie, de la Suisse, etc., afin de mettre à profit les trésors inconnus d'une foule de manuscrits grecs, romains et orientaux; M. Dietz a démontré que beaucoup d'ouvrages de médecine, notamment les livres de Charaka et de Susruta, ont été traduits de la sorte. Il donne même les noms de deux traducteurs, Manka et Saleh, qui occupaient des places à la cour d'Aroun-Al Raschid. Quant à la Perse, elle avait des rapports scientifiques avec l'Inde, dès le VIe siècle. Un roi de ce pays, King Nooshirwan, qui, selon M. de Sacy, introduisit à sa cour, l'an 531 ou 579, la philosophie grecque, avait à ses gages un médecin nommé Barzouyeh. Ce médecin, qui était allé deux fois dans l'Inde pour y chercher des médicamens et pour y étudier la littérature, connaissait parfaitement le sanscrit. Il avait rapporté de ces deux voyages un grand nombre d'ouvrages originaux de médecine écrits en cette langue sacrée, et il les avait traduits lui-même en persan.

Enfin, M. Dietz prouve que les Grecs du Bas-Empire avaient aussi connaissance de la littérature médicale sanscrite; que, à l'exemple des Arabes, ils partageaient leur admiration entre la science occidentale et la science orientale; qu'ils copiaient d'une part Hippocrate et Galien; de l'autre, Charaka et Susruta (1). En effet, Paul d'Egine parle d'un emplâtre indien, de la rhubarbe, qu'il nomme *rheum barbaricum*, et que Actuarius et Myrepsus appellent *Reon indicon*. Il vante, le premier parmi les Grecs, les vertus de l'usage interne de l'acier dans la cirrhose du foie. Aetius men-

---

(1) Voyez l'ouvrage intitulé : *Analecta medica*, dans lequel on trouve la biographie de plusieurs médecins indous.

tionne tous les produits de la matière médicale indoue. Il signale le sulfure d'arsenic par son nom persan (*sandaracha*). Il parle des cautères potentiels et des diverses manières de les préparer.

Ainsi donc, il résulte clairement de ces exemples et d'une foule d'autres inutiles à citer ici, que les Arabes et les Grecs du Bas-Empire n'ont imprimé à la science aucun mouvement prime-sautier et original; qu'ils se sont bornés à faire des emprunts aux anciens Grecs, et, ce qu'on ignorait avant les recherches toutes récentes de MM. Royle et Dietz, à copier les Indous. Le rôle de la science grecque et arabe au moyen-âge a donc consisté exclusivement à mettre les idées de l'Inde en communion immédiate avec celles de l'Occident.

Toutefois, on pourrait objecter en faveur de l'originalité de la science des Arabes, que si Geber, par exemple, eût copié la chimie des Indous, il n'eût pas oublié, comme il l'a fait, de mentionner l'acide chlorydrique, qui était autrefois, dans l'Inde, obtenu à l'aide de la distillation d'un mélange de sel commun et de sulfate d'alumine et de potasse; on pourrait également dire que cet auteur arabe parle de l'eau régale et de la manière de rendre caustiques les carbonates de potasse et de soude en y ajoutant de la chaux vive, toutes choses dont il n'est nullement question dans les livres sanscrits. Mais M. Royle répond aux deux dernières objections en disant que dans le chapitre de l'ouvrage de Susruta, qui traite des métaux nécessaires à la fabrication de l'élixir de longue vie, l'eau régale doit être signalée, et que, quant à l'art de rendre caustiques les sels de potasse et de soude, les Indous ne devaient probablement pas l'ignorer, puisque dans plusieurs de leurs livres ils enseignent les moyens de remédier à l'effet des caustiques qui proviennent des sels.

Cependant, il serait injuste de refuser aux Arabes, avec Léonard Fuchs et Gui-Patin, le génie inventif d'une façon absolue. N'oublions pas que l'érudition moderne a découvert chez eux non seulement l'idée-mère, mais encore les premières applications à l'humanité d'une des plus grandes et des plus précieuses conquêtes de la chirurgie française au XIXe siècle, je veux parler de la lithotritie. En effet, Albucasis, qui mourut à Cordoue en 1107, écrit ces phrases dans un des livres de sa *chirurgie:* « Prenez l'instrument délié qui se nomme *Moshabarebilia;* introduisez-le doucement dans la verge et poursuivez la pierre au milieu de la vessie. Si cette pierre est fragile, elle se brisera et sortira. Dans le cas où elle ne sortirait pas, il faudrait recourir à l'opération de la taille (1). » Mais ce texte n'est

(1) « Accipiatur instrumentum subtile quod nominant Moshabarebilia et suaviter introducatur in virgam, et volve lapidem in medio vesicæ, et si fuerit mollis frangitur

pas tout. Dans une édition de la *chirurgie* de cet auteur, publiée en Angleterre (1), et dans le manuscrit en caractères africains qui existe à Paris, à la Bibliothèque royale (2), on trouve cet autre passage, traduit de l'arabe de la manière suivante, par un savant orientaliste, M. Clément Mullet : « Si par hasard la pierre était d'un petit volume et engagée dans le canal de l'urètre, où elle empêcherait l'écoulement de l'urine, il faut, avant de recourir à l'opération de la taille, employer le procédé que j'ai décrit, qui souvent dispense d'y recourir, et dont moi-même j'ai fait l'expérience. Voici en quoi consiste ce procédé : il faut prendre un instrument perforant en acier (la forme est indiquée dans le texte) ; qu'il soit triangulaire, terminé en pointe et emmanché dans du bois. On prend ensuite du fil avec lequel on fait une ligature au-dessous du calcul pour empêcher qu'il ne rentre dans la vessie. On introduit ensuite le fer de l'instrument avec précaution jusqu'à ce qu'on arrive à la pierre ; on fait ensuite mouvoir l'instrument en tournant et tâchant de percer la pierre peu à peu, jusqu'à ce qu'on l'ait traversée de part en part. Les urines s'échappent aussitôt, et avec la main on aide la sortie de ce qui reste de la pierre, car elle est brisée (le texte imprimé porte : elle a été percée ; ce qui donne un sens moins satisfaisant), et les fragmens s'écoulant avec l'urine, l'organe souffrant est soulagé, s'il plait à Dieu tout-puissant. (3). »

Or, si Albucasis, en Europe, au milieu de l'Espagne, sarrasine, sur la fin du XIe siècle, commençait à briser les calculs au moyen de la perforation, on les détruisait aussi au XIIIe siècle, en Orient, mais d'une autre manière, à l'aide d'un procédé dont l'idée est restée complètement étrangère au génie de la chirurgie moderne.

Dans un livre qui a pour titre : *De la fleur des pensées sur les pierres précieuses*, livre que M. Clément Mullet traduit en ce moment de l'arabe en français, Teïfaschy, qui tirait son nom de Teïfasch, ville d'Afrique, et qui écrivait, comme il le dit lui-même, vers l'an 640 de l'hégire (an 1242 de l'ère chrétienne), s'exprime en ces termes au sujet de l'emploi du diamant : « Un précieux avantage du diamant, dont Aristote a parlé, et que l'expérience a confirmé, c'est l'usage qu'on peut en faire dans les affections de la pierre. Quand un individu est affecté de calcul, soit dans la vessie,

---

et exit. Si verò non exiverit oportet incidi. » (*Chirurgiâ*, liber theoriæ nec non practicæ, in-4°, 1519, fol. 94.)

(1) Albucasis, *De chirurgiâ*, arabice et latine, cura Channing. Oxonii, 1778; 2 vol. in-4°.

(2) N° 544, fonds Asselin.

(3) T. 1. p. 289, ch. LX, de l'ouvrage imprimé. — Ch. LX de la seconde partie, dans le texte manuscrit.

soit dans le canal de l'urêtre, si l'on prend un petit diamant, qu'on le fixe fortement avec du mastic à l'extrémité d'une petite tige de métal, soit du cuivre, soit de l'argent, et qu'on l'introduise dans l'organe qui contient le calcul, on pourra le broyer par un frottement réitéré (1). »

Dans le passage dont il s'agit, Taïfaschy ne dit point avoir mis lui-même en usage le procédé qu'il conseille ; de sorte que, à la rigueur, on peut se refuser à y voir autre chose qu'une simple conception ingénieuse ; mais voici venir un autre Arabe qui expérimente la théorie, et qui l'applique avec succès. Ahmet-Ben-Abi-Khaled, médecin connu sous le nom de Ibn-El-Harrar, raconte, dans son ouvrage sur les *pierres*, qu'il employa ce moyen sur un domestique de l'eunuque porteur de parasol, qui souffrait d'un calcul urinaire d'un gros volume. « Cet homme, dit-il, ne voulait pas se soumettre à l'opération de la taille. J'eus recours au procédé qui vient d'être indiqué. Je broyai la pierre par le frottement, je la réduisis à un volume assez mince pour que les urines pussent l'entraîner avec elles. »

Aristote a-t-il connu et pratiqué la lithotritie ? Ce fait n'est nullement vraisemblable. Bien que le philosophe de Stagire soit regardé par Taïfaschy et par un autre Arabe, Kazwing, comme l'inventeur du broiement des calculs à l'aide du diamant, rien ne prouve la vérité de cette assertion. Nous n'avons point de livre d'Aristote concernant les pierres, et parmi ses ouvrages, aucun indice n'en fait soupçonner l'existence. Le seul travail connu laissé par les Grecs sur le règne minéral, est celui de Théophraste, qui reste muet sur la propriété lithotritique du diamant. Pline n'en fait aucune mention ; et comment croire, si cette merveilleuse propriété lui eût été connue, qu'il n'en ait pas parlé, lui, historien enthousiaste et prolixe, qui cite tant de médicamens bizarres, qui vante tant de remèdes oiseux !

Avicenne et tous les Arabes qui ont précédé Albucasis ne disent également pas un mot du broiement des calculs. Reiske, qui a étudié la médecine arabe dans les textes originaux et non pas dans les traductions, se tait complètement à cet égard. L'exhumation de cette grande découverte, dont le perfectionnement seul appartient à la France, n'a seulement été faite qu'en 1837, grâce à l'érudition de M. Clément Mullet.

Chose singulière ! dans leur admiration fanatique et servile envers les Grecs, les Arabes se ravissent eux-mêmes la gloire d'une telle initiative. Ils se sentent si dépourvus d'originalité scientifique, qu'ils revendiquent sans

(1) Ch. VIII, f. 183. — Le livre de Teïfaschy a été publié par extraits à Utrecht, en 1784, par Sebaldus Ravius ; puis en totalité à Florence, en 1818, par M. Raineri, avec une traduction italienne accompagnée de notes. M. Clément Mullet traduit en ce moment le texte du manuscrit qui se trouve à la bibliothèque royale de Paris (n° 969.)

raison pour les occidentaux le peu de génie créateur que la Providence leur donne en partage.

Toutefois les Arabes sont-ils bien les premiers inventeurs de la lithotritie? ne l'ont-ils pas tirée des livres sanscrits, où, comme on l'a vu, ils ont puisé tant de richesses? car si l'Inde a connu la vaccine avant l'Angleterre, pourquoi ne pourrait-elle avoir eu l'idée du broiement de la pierre avant l'Espagne et l'Afrique! Mais, aucun des monumens explorés de la littérature médicale sanscrite, ni les recherches de Wilson ni celles des autres orientalistes, ne prouvent que cette découverte émane de l'Inde. Peut-être que la traduction des livres sanscrits qui nous sont encore étrangers, démontrera plus tard sous ce rapport comme sous tant d'autres la priorité qui appartient à cette contrée du monde. Quoi qu'il en soit, jusqu'à présent l'honneur en revient aux Arabes de la fin du XIe siècle et du milieu du XIIIe, d'abord à ceux de l'Espagne, ensuite à ceux de l'Afrique, à Albucasis, pu's à Teïfaschy et à Ibn-El-Harrar (1).

Mais terminons là cette digression, et rentrons au cœur de notre sujet.

J'ai une preuve évidente et incontestable de l'existence de l'empirisme dans l'Inde. Ecoutons ce fragment traduit du sanscrit par M. Wilson, et communiqué par lui à M. Royle :

« Pour qu'un médecin soit supérieur et digne d'être honoré, il faut que chez lui l'expérience se joigne à la spéculation. Celui qui est seulement théoricien se trouve aussi embarrassé auprès du lit d'un malade qu'un poltron au milieu d'une bataille. Celui qui méprise la théorie mérite que les sages le méprisent à leur tour, et que le roi le condamne à la mort. Des hommes ainsi exclusifs sont dangereux, car, semblables aux oiseaux qui n'ont qu'une aile, ils ne connaissent qu'une des deux faces de la médecine ; car les médicamens les plus utiles peuvent devenir entre leurs mains comme autant d'instrumens tranchans, comme autant de coups de tonnerre foudroyant et de poisons mortels. Qu'on ne se fie à aucun de ces hommes! (2) »

On voit do c par ce fragment, qui porte l'empreinte d'une philosophie médicale pleine de sagesse, que, s'il y avait dans l'Inde des dogmatistes purs il y avait aussi des empiriques exclusifs. Du reste, doués d'une sagacité naturelle ainsi que d'une grande finesse d'observation, les Indous devaient nécessairement exceller dans la partie empirique de la médecine.

---

(1) Voir, pour de plus amples détails, le mémoire de M. Clément Mullet, intitulé : *Documens pour servir à l'histoire de la lithotritie chez les Arabes* (Nouveau journal asiatique, 3e série, t. III, 1837, p. 525.)

(2) *An Essay on the Antiquity of Hindoo medicine*, London, 1837, p. 49.

En effet, nous allons voir qu'ils avaient découvert des choses admirables restées étrangères non seulement à l'antiquité occidentale, mais encore à l'Europe moderne jusqu'à la fin du siècle dernier. Nous allons voir combien leur matière médicale était riche, leur thérapeutique hardie et puissante, combien, en un mot, elles nous ont fournis d'agents dont la science d'aujourd'hui s'attribue injustement la priorité.

L'inoculation, ce bienfait immense, avant l'importation de laquelle la variole décimait chaque année en Europe, selon Thouret, la quatorzième partie du genre humain; l'inoculation, dis-je, et, qui l'aurait pu croire! la vaccine elle-même, ce bienfait plus immense encore, sont des découvertes antiques dont l'initiative appartient tout entière à la science indoue. En effet, dans un passage du *Sacteya Grantham*, livre sacré attribué à Dhanwantari, et où cet auteur décrit neuf espèces des varioles, dont trois sont déclarées incurables, ont lit textuellement ces phrases :

« Prenez du fluide des pustules du pis d'une vache, ou bien du bras, entre l'épaule et le coude d'un être humain; recueillez-le sur la pointe d'une lancette, et introduisez-le dans le bras, au même endroit, en mêlant le fluide avec le sang; la fièvre de la variole (*Bhadvi-baé*) sera produite.

» Cette maladie sera alors très douce, comme l'animal dont elle sort, elle ne doit inspirer aucune crainte, et n'exige point de remèdes : on peut accorder au patient le régime qu'il désire.

» On peut se borner à une seule piqûre ou en pratiquer jusqu'à six. La pustule est parfaite quand elle est d'une bonne couleur, remplie d'un liquide clair, et environnée d'un cercle rouge. Il y a une fièvre légère d'un, deux ou trois jours : quelquefois un léger accès de froid, un gonflement sous l'ais elle, et d'autres symptômes; mais tous d'une nature bénigne et sans danger. »

Avant de se produire pour la première fois, chez les Arabes, au xe siècle, la variole existait donc dans l'Inde; et loin d'avoir été importée dans ce pays par les Hollandais, ainsi que l'a avancé Helbigius, c'est de l'Orient qu'elle s'est propagée à l'Occident. Pourquoi les Arabes, qui connaissaient, comme le fait est démontré actuellement, la littérature médicale indoue, ne parlent-ils ni de l'inoculation ni de la vaccine? C'est là un problème difficile à résoudre, et qui porterait à croire que cette littérature leur avait échappé sur quelques points.

Dans le *kalpa s'thana*, Susruta attribue à la lune, ou plutôt à ses rayons, une influence sur le développement de certaines exacerbations nocturnes, influence nuisible qui, selon lui, se fait même ressentir chez des personnes bien portantes. Aussi donne-t-il le conseil de doubler le soir la dose des médicamens qu'on emploie dans ces cas. Il administre les plantes de trois manières : 1° sous forme de poudre sèche (*kalkaka*), 2° en infusion froide (*sitaha*), 3° en décoction (*strutaha*).

Le docteur Ainslie (1), médecin de la marine royale et attaché à la compagnie des Indes, a traduit plusieurs fragmens d'autres ouvrages sanscrits, entre autres des portions d'un livre de *Meghareesha* ou *Agastya*, auteur très ancien, car il est cité dans le *Ramayana*, l'ouvrage, suivant Wilson, le plus vieux de la littérature profane des Indous.

Or, suivant M. Ainslie (2), les Indous employaient l'ammoniaque comme stimulant de l'odorat dans la syncope, la faiblesse et l'hystérie ; et, selon M. Malcolmson, l'huile empyreumatique dans le bériberi, cette névrose que Zimmermann regarde comme un opisthotonos, et d'autres auteurs comme une paralysie incomplète des membres.

Dans un ouvrage sanscrit intitulé : *Rasarutna Samoochayem*, il est question de médicamens où il entre du mercure, de l'arsenic et neuf autres métaux (3). On voit aussi dans ce livre que les Indous employaient en médecine la litharge, l'oxyde rouge de plomb, le sulfure de cuivre, le sulfure d'antimoine, l'orpiment, le réalgar et l'oxyde de zinc.

Dans les livres de Charaka et de Susruta, l'oxyde de fer uni au gingembre est prescrit, en qualité de tonique, aux individus cachectiques ; le sulfate de fer aux hydropiques ; l'arsenic aux lépreux et aux dartreux.

Les préparations de mercure, ces substances héroïques que Mésué employa le premier à l'intérieur, chez les Arabes ; qui ne furent connues en Europe qu'au XVe siècle, et dont, au XVIe, Paracelse eut la gloire de vulgariser l'usage ; les préparations de mercure étaient familières à la thérapeutique indoue. Celle-ci administrait le cinnabre en fumigations, le proto et le deuto-chlorure, combinés avec du sucre, du poivre et d'autres aromates, en pilules, dans un grand nombre de maladies, et quelquefois jusqu'au point de déterminer la salivation. Enfin, les Indous vantent la fumée du datura stramonium contre l'asthme, la noix vomique contre la paralysie et la dyspepsie, l'écorce de la racine de grenadier contre le tœnia, etc. (4)

Thaumaturgiâtrisme.

De même que la philosophie, la médecine se fatigue de douter des efforts du raisonnement. Elle se dégoute des formules d'un système qui la ravale à ses propres yeux, qui exalte en elle l'art au détriment de la science

(1) Dans son ouvrage intitulé : *Materia medica of India*.

(2) Ouvrage cité, t. I, p. 367.

(3) *Ibid.*, t. II, p. 494.

(4) M. Royle, ouvrage cité, p. 61.

qu'il tue impitoyablement. Alors il arrive un moment où elle réagit contre ces tendances; et comme il faut à tout prix qu'elle reconstruise des théories, elle revient, en désespoir de cause, à son point de départ, à la superstition, au *supernaturalisme.*

J'ai déjà dit que dans la section de l'Ajur véda, qui a pour titre *Buthavidya*, on attribue les maladies à la possession démoniaque. Dans le livre indou, traduit par M. Heyne, on recommande aux malades de se rendre les dieux et les astres favorables au moyen de la prière et de certaines pratiques bizarres. La meilleure manière d'obtenir la guérison, dit l'auteur du livre dont il s'agit, c'est de plaire à Brahma et à Vichnou en faisant lire aux brahmanes les hymnes des Védas, c'est de chercher à être agréable aux neuf corps célestes en leur offrant des monceaux de diverses sortes de graines, c'est de consacrer au soleil de la terre peinte, à *Aswary*, le dieu de la médecine, des verres peints; à *Latchmy Davie* des perles et autres pierres précieuses. Enfin, avant de prendre un médicament, il faut implorer le dieu de la médecine dans la personne du médecin, qui est son représentant, et lui payer généreusement ses services (1). »

Je crois donc avoir prouvé que dans l'Inde existent les traces, les linéamens originels des quatre grands systèmes exclusifs dont quelque jour je démontrerai les développemens réguliers et les épanouissemens extrêmes à travers les autres époques de l'histoire de la médecine : en Grèce, au XVIe siècle, au XVIIe, au XVIIIe et au XIXe; ordre philosophique, c'est-à-dire en rapport avec ce qu'il y a de plus invariable au monde, l'esprit humain, et sur lequel j'insiste parce qu'il me semble plus susceptible de débrouiller le chaos des doctrines médicales que toutes les classifications arbitraires et vagues qui reposent sur des notions exclusivement chronologiques ou ethnographiques.

Anatomie et Chirurgie.

La religion, qui défendait aux Indous de toucher à aucun cadavre humain, devait s'opposer et s'opposa en effet chez eux à tout progrès en anatomie. Entre leurs mains, cette science est presque entièrement fantastique. Elle y resta toujours ce qu'elle fut transitoirement en Grèce avant le mouvement imprimé par les maîtres de l'école d'Alexandrie.

Quant à la chirurgie, on peut dire, au contraire, que relativement elle y fut florissante. Les livres consacrés à cet art mentionnent les opérations de la lithotomie, de l'extraction du fœtus, de la cataracte, et voire celle

(1) Ouvrage cité, page 147.

de la rhinoplastie. Ils ne parlent pas moins de cent vingt-sept instrumens mis en usage.

Dans son traité de chirurgie, Susruta divise les instrumens en huit sections : 1° ceux qui servent à couper et à séparer, *chhedana;* 2° ceux qui servent à diviser et à exciser, *bhedana;* 3° ceux qui servent à la scarification ou à l'inoculation, *lek'hana;* 4° ceux qui servent à faire des ponctions, *vyadhana;* 5° ceux qui servent à sonder les plaies, *eshyam;* 6° ceux qui servent à extraire les corps durs, *aharya;* 7° ceux qui servent à retirer des liquides, entre autres le sang, *visravana;* 8° ceux qui servent à pratiquer les sutures. Il parle aussi d'instrumens d'une ténuité telle, qu'ils seraient capables de couper un cheveu dans le sens de sa longueur, *sastras;* des solutions alcalines ou caustiques *kshara;* des cautères actuels, *agni;* des ventouses, *alaba;* des sangsues, *jalauka.* Toutefois les livres indous entrent dans fort peu de détails relativement à chacun de ces instrumens ou de ces agens externes.

Attendu que l'étudiant ne pouvait point s'exercer aux manœuvres chirurgicales sur aucun cadavre humain, Susruta lui recommande de pratiquer des incisions sur des plantes, des peaux ou des vessies remplies de pâtes; de faire des scarifications sur des peaux fraîches d'animaux ayant encore leurs poils; de s'habituer à l'opération de la saignée sur les tiges des végétaux ou sur les veines des animaux privés de la vie; de pratiquer la suture sur du cuir, etc., etc.

Les alcalis et autres substances caustiques sont obtenus en brûlant certains végétaux et en faisant bouillir leurs cendres avec de l'eau. La solution est administrée à l'intérieur et à l'extérieur. Si le caustique produit une grande douleur, on y remédie par des applications émollientes. Toutefois, à moins qu'on ait à traiter des personnes de distinction, des vieillards, des femmes, des enfans ou des individus timides et efféminés, les caustiques doivent céder le pas aux instrumens tranchans. Cette cautérisation s'effectue aussi à l'aide de graines enflammées, de liquides bouillans d'une consistance muqueuse ou gélatineuse; et enfin au moyen de barres ou de plaques métalliques chauffées à blanc. On la conseille sur les tempes et le front dans la céphalalgie, sur les paupières dans les maladies d'yeux, sur les hypochondres dans les affections du foie et de la rate. On la prescrit également pour arrêter les hémorrhagies.

Si les sangsues sont lentes à mordre, il faut exciter leur action en donnant un coup de lancette à la partie sur laquelle elles sont appliquées, et après leur chute, aider à la sortie du sang au moyen des ventouses.

La médecine dans l'Inde était exercée, et l'est encore aujourd'hui, par deux ordres d'individus : par la caste des brahmes et par une autre nommée

Ambas'tha ou *Vaidya,* la seconde des onze classes provenant du mélange des tribus primitives. Quelquefois elle était pratiquée par un troisième ordre, par la caste guerrière appelée *Eshatriga,* quand celle-ci, courbée sous le joug du malheur, avait besoin de travailler pour vivre.

A en juger par les qualités du cœur et de l'esprit qu'on lui imposait en principes, et en supposant que le fait n'ait point trop souvent contredit l'idéal, le médecin indou était presque un personnage surhumain. « Il faut, dit un texte sancrit, qu'il soit sincère, sobre, digne, indulgent, doux, charitable, occupé sans cesse à faire le bien, à lire les commentaires de l'Ajur Véda et les autres ouvrages scientifiques. Il faut, quand un malade lui parle avec humeur, qu'il conserve tout son calme et son sang-froid; qu'il entretienne l'espoir dans le cœur de celui qui souffre; qu'il soit avec lui franc, communicatif, impartial, mais toujours courageux et sévère relativement à l'observation des préceptes de son art (1). »

Telle fut la médecine dans l'Inde, ce pays dont notre siècle a l'honneur d'avoir exhumé la littérature, comme le XVIe eut la gloire d'avoir découvert l'antiquité grecque. Espérons que des traductions non plus abrégées, mais complètes de textes sanscrits plus nombreux viendront prochainement remplacer le provisoire par le définitif. En attendant, il faut que les choses commencent à rentrer dans leur ordre naturel et légitime, il faut réparer un trop long oubli, il faut que la Grèce cesse d'usurper le titre de mère de la médecine, il faut désormais que l'histoire inscrive et popularise les noms de Charaka, de Dawantari et de Susruta, comme elle a inscrit et popularisé ceux d'Hippocrate, de Polybe, etc.

(1) Ainslie, ouvrage cité.

www.ingramcontent.com/pod-product-compliance
Ingram Content Group UK Ltd.
Pitfield, Milton Keynes, MK11 3LW, UK
UKHW022208190726
13855UKWH00004B/1671